版式设计原理
【案例篇】

提升版式设计的64个技巧

[日]原弘始 林晶子 平本久美子 山田纯也 编著

李聪 译 穆馨 审

人 民 邮 电 出 版 社

北 京

图书在版编目（CIP）数据

版式设计原理. 案例篇：提升版式设计的64个技巧 / （日）原弘始等编著；李聪译. -- 北京：人民邮电出版社，2020.7（2022.9重印）

ISBN 978-7-115-52314-3

Ⅰ. ①版… Ⅱ. ①原… ②李… Ⅲ. ①版式－设计－案例 Ⅳ. ①TS881

中国版本图书馆CIP数据核字(2020)第099090号

内 容 提 要

本书通过版式结构、文字设计、色彩设计、图片以及网页和 DTP 设计 5 个方面讲解版式设计，通过比较"成功的设计"和"有瑕疵的设计"，引导读者思考哪一个设计更好（更坏）以及为什么它更好（更坏）来让读者掌握设计技能。本书采用问答形式，有利于读者主动思考。

书中精选 46 组对比案例和 18 组练习来引导读者掌握设计要点。成功的设计一定有成功的理由。同样的道理，失败的设计也一定有失败的原因，本书带领读者仔细分析成功的关键点和找出失败的原因，帮助读者快速掌握版式设计的基本原理在实际设计中的应用方法。

本书适合平面设计的初学者和想成为平面设计师的爱好者阅读。

◆ 编　　著　[日]原弘始　林晶子　平本久美子　山田纯也

译　　　李聪

审　　　穆熠

责任编辑　杨璐

责任印制　马振武

◆ 人民邮电出版社出版发行　　北京市丰台区成寿寺路 11 号

邮编　100164　电子邮件　315@ptpress.com.cn

网址　http://www.ptpress.com.cn

北京宝隆世纪印刷有限公司印刷

◆ 开本：787×1092　1/16

印张：8　　　　　　　　　2020 年 7 月第 1 版

字数：241 千字　　　　　　2022 年 9 月北京第 8 次印刷

著作权合同登记号　图字：01-2017-4698 号

定价：69.00 元

读者服务热线：(010)81055410　印装质量热线：(010)81055316

反盗版热线：(010)81055315

广告经营许可证：京东市监广登字 20170147 号

前　言

　　通常我们学习设计的时候都是通过专业书籍的讲解来系统地掌握各种各样的设计原则的，这本书独辟蹊径，通过比较"成功的设计"和"有瑕疵的设计"，引导读者思考哪一个设计更好（更坏）以及为什么它更好（更坏），从而掌握设计技能。本书采取问答形式，十分有趣。这本书是2013年8月发行的《版式设计原理（案例篇）》的续作，决定创作续作的时候我们很开心，同时也为了能让有瑕疵的设计有更深层次的问题而绞尽脑汁。

　　实际上，对我们这些设计师来说，设计出"有瑕疵的设计"是一件很难的事情。就像前面说的，我们系统地学习了设计的原则，并在实际的工作中反复应用，从而将这些规则牢记于心。所以，握鼠标的手总是不自觉地按照原则来创作，很难设计出有瑕疵的案例。

　　成功的设计一定有成功的道理，同样，失败的设计也一定有失败的道理。我们仔细找出失败的原因，并把它运用到实践中，就做出了这本书中有瑕疵的案例。读者可以通过这些案例来学习设计原理。虽然平时我们并不需要考虑有瑕疵的设计，但是从结果上来看这是非常好的训练。

　　所以，在阅读本书的时候，不能只是满足于选对了答案，而是要明确地去思考"为什么好"和"为什么不好"。分析有瑕疵的设计对于加深对设计的理解以及掌握设计来说是一条捷径。如果本书能对你有任何帮助，那都是我们的荣幸。

原弘始

目 录

第 1 章
版式结构

第2章
文字

第3章
色彩

第4章
图片

第5章
网页和DTP设计

第 1 章

版式结构

难易度：★ ★

由原弘始老师设计并讲解

"完工展示会"的通知，哪个设计更合适？
请说明理由。

a

b

思考提示： 设计的目的是吸引大家出席。

A01

答案 a

1 可以清楚地知道 5W2H。

2 有宣传展示会内容的照片。

1 很难看出通知的目的。

2 照片处理不合适。

GOOD

理由1

时间、地点和展会内容一目了然。

理由2

照片放大处理，可以传达出展会的现场感觉。

NG

理由1

不能一眼看出通知的目的。

理由2

照片处理之后失去了真实的信息。

设计要点

偏离了设计目标，就会出现错误的结果

设计时很重要的事情就是要突出明确的目的。具体来说就是要清楚地传达"5W2H"，所谓"5W2H"就是Who（谁）、When（什么时间）、Where（哪里）、What（什么东西）、Why（为什么）、How（如何做）、How much（什么价格）。如果设计之前没有确定这些事情，就没办法准确地吸引目标人群。如果想要更多的人来到现场，就要把展会内容通过标题和照片清楚地展示出来。同时，要让人们很容易就知道具体的时间和地点等信息，这也是必要的事情。过度追求好看、帅气的设计以及特别在意表现手法，就容易偏离设计本该实现的目标，请一定要注意。

请把"5W2H"时刻放在心上，使设计的目的能明确表达出来。

哪个设计更能吸引目标人群？
请说明理由。

a

b

海报主题：针对行政管理者的顶尖管理培训。

主题文字释义：以行政管理为目标的顶级管理研修课。

思考提示：请想象一下什么人会来听讲座。

A02

答案 a

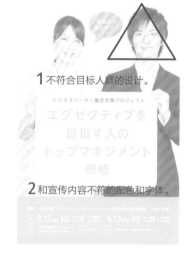

GOOD

理由1

使用了目标人群能感受到的富有野心的图像。

理由2

使用尖锐的富有冲击力的标题来吸引目标人群。

NG

理由1

这是一个没有特点、不能准确吸引目标人群的设计。

理由2

配色、字体和小图案等都很柔和，表现出来的形象与内容不符。

设计要点

要清楚地知道这个设计是给谁看的

设计中重要的事情是要明确这是面向谁的设计。研究目标人群的时候，分析他们的性别、年龄、家庭构成、爱好和地域等各种各样的信息是很有必要的。无视目标人群的设计是不能正确传达必要的信息的，其吸引力就会和预想的不一样。而且，过度地扩展目标人群就会影响到主要的目标人群，甚至可能会起到反作用，这一点一定要注意。就像NG的方案，给人一种谁都可以来参加讲座的感觉，这样就和那些想要成为精英人士的有野心的人的需求不相符。目标人群即使看到这个设计，也会觉得"这不是面向我的讲座"。

TARGET

想要成为商业精英的人

⌄

目标人群的特征

有野心　　有热情　　尖锐　　……

设计的方向

特别　　强有力　　正式　　……

确定了目标人群之后，就可以决定具体的视觉效果了。

Q03

难易度：★ ★

由山田纯也老师设计并讲解

商务软件的广告，哪个更合适？
请说明理由。

a

b

思考提示： 哪个能完美地总结信息？

A03

答案 b

GOOD

理由1
信息按分类来总结，布局就会有秩序。

理由2
信息有先后顺序，就能把关键点准确传达给人们。

NG

理由1
只是在空白的地方用文字填入信息，信息很分散。

理由2
信息的先后顺序含糊不清，最想传达的信息不明确。

设计要点

要根据信息的先后顺序来排序

在一份广告中，如果想让人们很容易地注意到商品名和标语等文字，以及照片和插图等信息，精心的布置是很重要的。编入的信息越多，设计师就越不知道要从何下手。在进行版式设计前，要对信息进行排序整理，这样就可以合理地设计版式。根据文字和插图，决定最想传达的信息，把所有的信息排序。这里的重点是分类要同时进行。排序完成之后，先决定主要信息的位置，然后布置其他信息。这时的关键点是，根据分类决定信息的位置和根据排序来缩放信息的尺寸，使内容张弛有度。

区分要素并决定先后顺序，可以高效率地完成设计。

难易度：★

由山田纯也老师设计并讲解

商务杂志中的一页，哪个更合适？
请说明理由。

思考提示： 哪个是协调的杂志页面？

A04

答案 a

GOOD

理由1
固定的文本框间距选取得很合适。

理由2
标题周围有比其他地方更宽的间距，在杂志页面上有留白。

NG

理由1
文本框的间距很凌乱，给人一种不协调的感觉。

理由2
标题周围各要素的间距没有规律，很杂乱。

设计要点

统一间距，赋予杂志页面秩序

以文字为主题的长页面的设计，要看起来没有压迫感，容易阅读，这是很重要的。

随意布置文本和插图就会显得很没有秩序，所以分栏排版是很必要的。多准备几个文本框，在里面输入文本，是排版的一种方法。文本框的大小（竖排文本框要考虑高度，横排文本框要考虑宽度）以及与其他文本框、插图之间的距离是固定的，这样杂志的可读性就会提升，页面就会很协调。但是，统一所有的间距不一定是对的。就像方案a中的一样，标题周围的间距要比其他地方大，因为留白可以使标题更显眼，从而让该版式避免成为拘束的设计。

间距用颜色来表示。红色的部分是等间距的。蓝色的部分有意扩大了间距，使整体的布局更加协调。

标题周围的间距也统一，会给人一种很拘束的感觉。

难易度：★ ★ ★

由林晶子老师设计并讲解

介绍多个商业先驱的特刊报道，哪个更具有一致性？请说明理由。

a

b

思考提示： 哪个设计平等对待所有人物？

A05

答案 a

1 因为照片大小是相同的，所以读起来容易比较。

2 文本量相同，报道内容也差不多。

1 人物照片大小不同。

2 标题和解说词不一致。

GOOD

理由1

平等对待题材中的人物，读起来更容易比较。

理由2

文本量大致相同，每个人物的报道内容也差不多。

NG

理由1

人物的照片大小不一，处理方法不一致。

理由2

标题和解说词不一致。

设计要点

介绍层次相同的题材时，不要有不公平的感觉

在"世界上活跃的年轻先驱"的报道中，对多个人物用同样的篇幅来介绍是很有必要的。只要没有等级的差别，这些人物的报道就必须平等对待。照片的大小、横竖比例可以有变化，但是面积一定要相同。另外，若文本量不一样就会显得有所偏向，所以如果报道的篇幅不超过5页，格式最好是一样的。

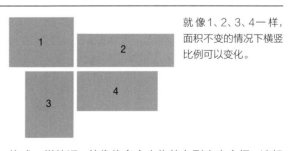

就像1、2、3、4一样，面积不变的情况下横竖比例可以变化。

格式一样的话，就像将多个人物放在列表中介绍，读起来也容易比较。NG的例子中，照片的大小不一样，文本量也不一样。这样的分页，人物不同，内容也有差别，就会给人这些人物不是一个层次的感觉。

Q06

难易度：★ ★

由林晶子老师设计并讲解

公司导览的横版页面，哪个更合适？
请说明理由。

思考提示： 哪个具有设计的一致性？

A06

答案 b

GOOD

理由1

颜色的使用具有一致性。

理由2

从整体篇幅来看，基本的形状是一致的。

NG

理由1

基础的色调和图表的颜色不吻合。

理由2

直线的设计概念和图表形状不相符。

设计要点

不仅是颜色的使用，设计的形状也要有一致性

设计中的一致性是特别重要的。首先是色调和配色。a、b两个方案的基础颜色都是白色和蓝色，这就定下了整洁感的颜色基调。但是在NG的方案中，图表的颜色和基础色调完全不相符。图表的颜色和基础的清爽蓝色相比，变得非常突出。图表的形状也是，使用了圆滑的边角、阴影和渐变效果，违背了用清晰的边角来显示效果的基础设计和概念的原则。就像方案b一样，采用适合整体设计概念的颜色和形状作为设计要素是至关重要的。

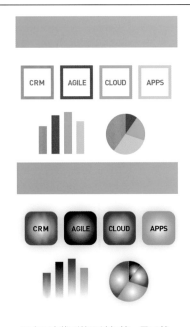

哪个和直线型的设计相符一目了然。

哪个展示材料简单易懂？
请说明理由。

新商品　3つの特長

●特長1　…　軽くて丈夫
世界最小最軽量（2015年7月21日付け）

●特長2　…　省エネ効率30%UP
従来商品にくらべ約30%省エネ効率がUP(当社比)

●特長3　…　豊富なカラーバリエーション
20代～30代の学生・社会人を意識したカラー展開

a

新商品　3つの特長

特長
1
軽くて丈夫
世界最小最軽量（2015年7月21日付け）

特長
2
省エネ効率30%UP
従来商品にくらべ約30%省エネ効率がUP(当社比)

特長
3
豊富なカラーバリエーション
20代～30代の学生・社会人を意識したカラー展開

b

思考提示： 哪个想要展示的点更容易被注意到？

A07

答案 **b**

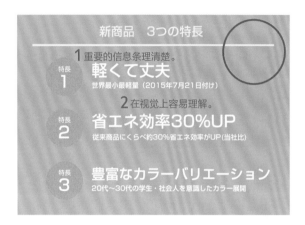

新商品　3つの特長

1 重要的信息条理清楚。

特長 1 軽くて丈夫
世界最小最軽量（2015年7月21日付け）

2 在视觉上容易理解。

特長 2 省エネ効率30%UP
従来商品にくらべ約30%省エネ効率がUP(当社比)

特長 3 豊富なカラーバリエーション
20代～30代の学生・社会人を意識したカラー展開

1 字体尺寸没有做到有张有弛

新商品　3つの特長

● 特長1 … 軽くて丈夫
世界最小最軽量（2015年7月21日付け）

● 特長2 … 省エネ効率30%UP
従来商品にくらべ約30%省エネ効率がUP(当社比)

● 特長3 … 豊富なカラーバリエーション
20代～30代の学生・社会人を意識したカラー展開

2 标题和正文文本含糊不清。

GOOD

理由1

重要的信息用较大的字展示，给人留下深刻的印象。

理由2

视觉上更容易充分理解3个特点。

NG

理由1

所有的字体大小一样，想要展示的信息不容易被人记住。

理由2

用于标题的下划线也用在文本中了，标题和正文文本的区别含糊不清。

设计要点

版式设计中要张弛有度

展示材料有瞬间给受众传达事物主旨的功能。为了让受众即使不详细阅读材料，也可以直观地理解主旨，设计要根据信息的主次，着重表示主要的信息。在成功的方案中，标题和正文之间的区别很明显，正文的版式设计也张弛有度。正文中，关键点用了较大的字体，补充说明用了较小的字体，字体大小有差别，这样想要展示的点就自然会被注意到。"要素大小比例"叫作"跳跃率"。想要清楚地传达重要的关键词，跳跃率的控制是有效的设计技巧。

在标题区域和正文区域的大小分布张弛有度的版式设计中，视线会集中到大的区域。

なぜデザインにメリハリが必要か？

プレゼンテーション資料は、物事の趣旨を瞬時に伝える役割があります。資料をすみずみまで読まなくても、直感的に趣旨を把握してもらうためには、情報に優先を付け、デザインにメリハリを出すことが大切です。

良い例例では、まず冒頭の「タイトル」と「それ以外」のエリアを明確にわけてメリハリをつけています。また本文では、重点を一番大きく、補足テキストは小さく返えて大きさに差を付けることで、アピールしたいポイントが見やすくなります。

このような「要素の大きさの比率」のことを「ジャンプ率」と言います。ジャンプ率は、重要なキーワードを端的に伝えたい時に有効なデザインテクニックです。

控制跳跃率是所有媒体都在灵活使用的一种技巧。即使信息量很大，通过跳跃率高的标题也可以了解到概要信息。

难易度：★ ★
由平本久美子老师设计并讲解

就职活动研讨会的海报，哪个更合适？
请说明理由。

a

b

思考提示： 哪个有稳定的感觉？

A08

答案 b

GOOD

理由1

海报下部有分量，是有稳定感的版式设计。

理由2

根据视线的流向进行的版式设计，受众可以毫不费力地了解到信息。

NG

理由1

没用的留白太多，版式设计没有稳定感。

理由2

重要信息都集中在上面，没有考虑视线的流向。

设计要点

重视平衡的设计要用到三角构图

"三角构图"是下面有足够分量的三角形一样的构图，就像山一样，可以表现出稳定的感觉。在成功的方案中，为了表现出对活动的信赖感和对未来的稳定感等，使用了三角构图。失败的方案使用了叫作"逆三角构图"的构图手法。因为这种构图失去了稳定的感觉，表现出了不安感和紧张感，所以是不符合设计目的的构图。

而且，一般看海报和宣传单的人的视线是呈Z字形的。成功的方案是根据Z字形视线流向来进行信息位置布置的。因为三角构图是在下部集中重要信息，所以可以说是符合视线流向的版式设计。

三角构图和逆三角构图相比，三角构图更有平衡感。

Z字形是具有代表性的视线流向的一种，是可以很好地抓住眼球的视线诱导技巧。

Q09

难易度：★ ★ ★

由原弘始老师设计并讲解

哪个布置更有平衡感？
请说明理由。

a

b

思考提示： 请画出页面的对角线，比较分量的平衡。

A09

答案 a

1 在对角线上布置照片，平衡感很好。

2 照片尺寸的平衡感很合适。

1 页面整体没有平衡感。

SERVICE LINEUP

2 照片的平衡感很差。

GOOD

理由1

在对角线上布置照片，平衡感很好。

理由2

照片的尺寸合适，就会有完美的平衡感。

NG

理由1

重心的平衡感很差，页面整体不稳定。

理由2

同样尺寸的照片太多了，没有做到张弛有度。

设计要点

试着画出对角线来决定布局

平衡的设计重心很重要。与用天平保持平衡一样，在相对的位置上布置重要性相同的要素，这样就会有平衡感。在页面上画上对角线，一边布置大的要素，在相对的那一边布置同样重要程度的要素（同样面积或者多个小的）来保持双方的平衡感。这样，页面就会产生舒适又紧张的平衡感。NG的方案中，每一个对角线上都是相同面积的图像，这样的布局重心就会向左偏，有3张相同面积的照片，重心就会变成1∶2，等等。调节平衡是很有必要的。不过，照片的颜色和密度不同，重点的印象也是不同的，也有不只是由面积决定重心的情况，所以要根据实际情况进行综合的判断。

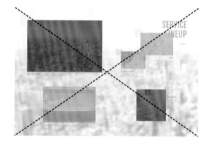

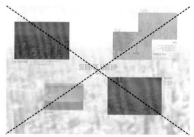

以对角线为界，平衡感就很清楚了。

哪个设计更好看？
请说明理由。

a

b

思考提示： 你了解与绘画和照片有关的好的构图原则吗？

A10

答案 a

GOOD	NG
理由1	**理由1**
三分法的构图会产生稳定感，视线诱导也会变得很理想。	因为对象在中心，视线就会被吸引过去，周围的信息就会被忽略。
理由2	**理由2**
使用三分法的比例来设计文字，这样会有一致性。	文本的比例是不完善的。

设计要点

用了三分法之后，设计就会很平衡、很好看

三分法不只是一种设计技巧，也是绘画和摄影经常使用的技巧。如果将对象放在中心，也就是所谓的中心构图法，那么观看者的视线很难离开中心，而且视线接下来不知道会移向哪里，所以这是应该避免使用的手法。把页面横竖都分成3等份，在交点位置上布置重要的元素和关键的对象等，就会产生很好的视线诱导和合理的画面紧张感。照片的主要对象按照这个规则来布置，对角的地方就会是空着的，可以把标题等元素放进去保持平衡。利用3×3网格得到的四边形，是用来规范插图、照片和文字框架的有效方法。放入同样比例的元素，可以得到和谐的版式设计效果。

在线的交点位置布置关键的对象，就会变成平衡感很好的构图。

难易度：★
由山田纯也老师设计并讲解

IT公司的名片，哪个更合适？
请说明理由。

思考提示：哪个信息更有条理？

A11

答案 a

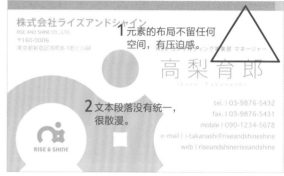

GOOD

理由1

有留白，有整洁和稳重的感觉。

理由2

总结整理了信息，是条理清楚的设计。

NG

理由1

就像把空白填补起来一样，不留任何空间地布置要素，有压迫感。

理由2

文本段落没有统一，给人散漫的印象。

设计要点

请灵活使用留白

对于尺寸小的媒介物的版面设计，例如文字信息很多的名片等，虽然一般认为文字越大读起来越容易，但是也不能一概而论。相对于页面面积，文字太大的设计没有间隔，可能会给人杂乱的印象。如果能灵活运用留白，那么即使文字很小，也可以构成一个可视性高的洗练的设计。用很宽的留白来布置文本，文本就会有存在感，观者很自然地就会把目光留在上面。同时，按照信息的相关信息性来分组布置信息，也会有密度很大的地方。灵活使用留白，和密集的部分进行平衡是很重要的。

留白很宽的设计，会给人高级、冷静的感觉。留白很少、密度很高的设计，会给人活泼的印象。要根据不同的情况区别使用。

留白很宽的话，可以强调姓名、公司名和Logo，就会有视线诱导的效果。

构图

由原弘始老师设计并讲解

下面的案例分别是A~D中的哪种构图？

①

②

③

④

A 中心构图法
B 三分构图法
C 对称构图法
D 对角线构图法

mini Q02
节奏

由山田纯也老师设计并讲解

下面的案例是有节奏意识的版式设计。
它们分别是A、B、C、D哪个类型？

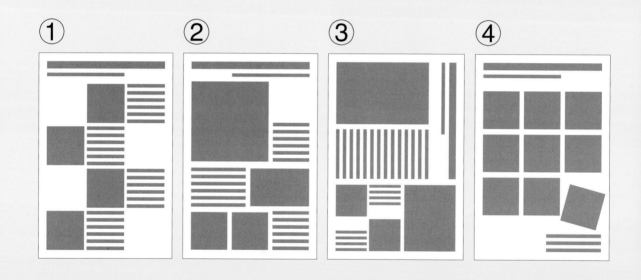

A 视线诱导
B 一部分引人注意
C 确保可视性
D 活泼的编排

对比

由林晶子老师设计并讲解

下面的案例是同一个人的名片。
请对它们按照张弛有度的顺序进行排列。

① あおぞら商事株式会社
Aozora Trading

代表取締役 青井太郎
President　Taro Aoi

〒160-0006 東京都新宿区舟町123
TEL03-1234-5678／FAX03-1234-6789
EMAIL aoi@aozoraaozora

123 Funamachi, Shinjuku-ku,
Tokyo 160-0006 Japan
TEL03-1234-5678／FAX03-1234-6789
EMAIL aoi@aozoraaozora

② あおぞら商事株式会社
Aozora Trading

代表取締役 青井太郎
President Taro Aoi

〒160-0006 東京都新宿区舟町123
123 Funamachi, Shinjuku-ku, Tokyo 160-0006
TEL03-1234-5678 ／ FAX03-1234-6789 ／ EMAILaoi@aozoraaozor

③ あおぞら商事株式会社
Aozora Trading

代表取締役 青井太郎
President　Taro Aoi

〒160-0006 東京都新宿区舟町123
TEL03-1234-5678／FAX03-1234-6789
EMAIL aoi@aozoraaozora

123 Funamachi, Shinjuku-ku,
Tokyo 160-0006 Japan
TEL03-1234-5678／FAX03-1234-6789
EMAIL aoi@aozoraaozora

mini Q04
网格

由平本久美子老师设计并讲解

下图是已有的页面版式设计的案例。
想要在背景图片上布置大标题和内容提要，
哪个网格更合适？

① ② ③

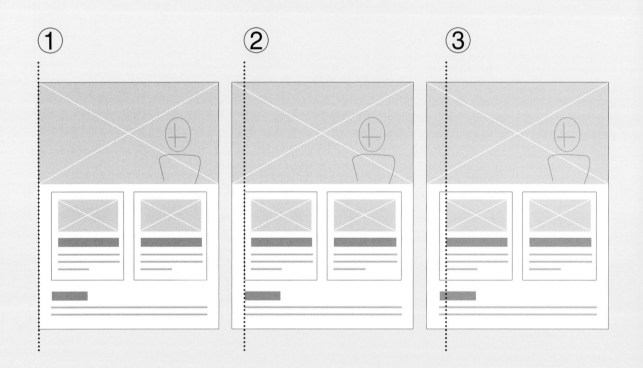

mini Q

A01

①→B
三分构图法

②→D
对角线构图法

③→A
中心构图法

④→C
对称构图法

三分构图法是把画面横竖都分为3份，在交点上放置对象，采用这种构图法构成的画面平衡感较强；对角线构图法是将视觉引导线沿画面的对角方向来布置，画面富有稳定感和动态感；中心构图法是对象放在版面中心的构图方法，这样的构图有稳定感，但把视线吸引到中心的同时，画面其他地方就很难被注意到了；对称构图法是上下和左右都对称的构图，可以表现出排列和纵深的效果。

A02

①→C
②→A
③→B
④→D

虽然版式设计的顺序是很重要的，但是没有空隙、过于统一而导致缺少变化的版式设计，其可视性就会很低，甚至给人煞风景的印象。通过段落和留白等的"空间"以及文字和插图的"尺寸"来掌握节奏，提高可视性，就可以使版式设计富有多样性。

A03

③→①→②

名片的空间有限，但可能需要记载很多信息，所以这里要对比的是哪个设计让人更容易浏览。②的文字尺寸、空白和配色没有反差，整体没有张弛有度的印象。①和③的文字大小的反差和合适的留白，使得公司名、职务、姓名和地址可以单独呈现。Logo很大，地址的日文和英文左右分开也是很有效果的。特别是③，地址部分背景的颜色对比更加明确。

A04

②

容易浏览的版式设计中，文本和图像等，每个要素的边都是对齐的。如右图所示，由上至下大致分成3部分。这3个部分的框架对齐排列，页面就会给人可以简洁、清晰、易浏览的印象。因此，②的版式设计是最合适的，该页面中下面两个框架都以左端为基准进行对齐。请注意，即使没有边框，也要根据"看不见"的框来整齐排列。

第 2 章

文字

难易度：★ ★

由山田纯也老师设计并讲解

酒店的广告，哪个设计更符合主题？
请说明理由。

a

b

思考提示： 请关注字体给人的印象。

A12

答案 b

GOOD

理由1

文字的间隔正合适，使用了有品位的明朝体改良字。

理由2

降低了文字的跳跃率，给人安定的印象。

NG

理由1

标语的字号太大，给人粗俗的印象。

理由2

明朝体和黑体混合使用，缺乏一致性。

设计要点

请注意要根据主题来选择合适的字体和字号

即使同样的版式设计，字体、字号、缩进和行距等不同，给人的印象也会有很大的差别。要完成完美的设计，选择符合主题的字体和文字处理方法是很有必要的。日语的字体中，明朝体和黑体是有很大区别的。西文字体也一样，Serif（衬线体）和Sans-Serif（无衬线体）这两种字体也有很大的区别。另外，还有笔记体和手写体等各种各样的字体。每种字体都有独特的风格，明朝体、Serif体和笔记体一般给人传统和高级的感觉，黑体、Sans-Serif体和手写体一般给人舒适和亲近的感觉。另外，文字的粗细不同，给人的印象也不同，粗的字体给人厚重和稳重的感觉，细的字体给人轻巧和温柔的感觉。

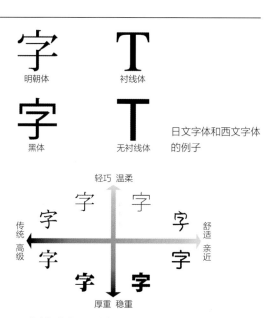

请选择符合不同印象的字体和粗细程度。

"Color Dress Fair" 的宣传单，哪个读起来更容易？请说明理由。

a

b

思考提示： 请关注标题部分西文字体的选择和处理。

A13

答案 **b**

GOOD

理由1

标题选择了细而且线条也很统一的西文字体，读起来很容易。

理由2

标题采用了更加显眼的处理方式。

NG

理由1

标题的西文字体有一部分隐藏在背景中，很难辨认。

理由2

缺乏在深色背景中布置彩色文字的安排。

设计要点

不要让人有看不清的感觉

设计宣传单的时候，看起来有冲击力是很重要的。例如，在红色的背景上记载文字就非常有冲击力。但是，文字有可能会变得很难阅读。请看NG的方案。COLOR DRESS FAIR的字体虽然很符合设计理念，但是这个字体有竖向的线条太粗、横向的线条太细的特征。这样的字体放在深色背景上，细的线条就会隐藏在背景里，很难被注意到，观看者的视线会集中在粗的线条上，单词就读起来很吃力。而像GOOD的方案那样，即使是细的字样，因为选择了横竖方向没有出现粗细变化的字体，所以读起来很容易。另外，文字和背景虽然是同色系的，但是加入了少量阴影，使得可读性提高了不少。就像前面讲的，在深色背景中显示文字的时候要非常注意这些事情。

通过布置模糊的文字来增加可读性。但是要根据整体的设计理念来决定是否采用这种方式。

Q14

难易度：★ ★ ★

由林晶子老师设计并讲解

新闻广告，哪个能吸引更多的读者？
请说明理由。

思考提示：哪个有温和的气氛？

A14

答案 a

1 因为是明朝体，所以有温和的感觉。

2 因为是宋体，所以有节奏感。

1 正文使用了黑体，给人生硬的感觉

2 黑体会给人文字量很大的感觉

GOOD

理由1

正文使用的明朝体给人温和的感觉，根据第一印象，人们就会想读下去。

理由2

因为正文使用了明朝体，所以很有节奏感，不会给读者造成压力。

NG

理由1

正文使用了黑体，给人生硬的感觉，读者可能会敬而远之。

理由2

正文使用了黑体，给人文字量很大的感觉。

设计要点

唤起读者阅读的兴趣，让读者没有压力地读下去

把想要展示的内容作为读物加进新闻广告的时候，想尽办法唤起读者阅读的兴趣，让读者读到最后是很重要的。首先，要避免第一眼给人"好难啊"和"字好多啊"之类的负面印象。NG方案中使用的黑体和GOOD方案比起来会给人生硬的感觉。而且，黑体和明朝体比起来，字体线条整体粗细相同的情况下，因为汉字和假名大小差不多，所以第一眼看上去，会比明朝体的节奏感差，给人单调的印象。如果像GOOD方案那样使用明朝体，因为会给人柔软、温和的印象，而且有节奏感，可以让读者没有压力地、愉快地读完新闻。

使用了细的黑体，虽然没有了生硬的感觉，但是因为汉字和假名大小差不多，不可否认多少会给人压迫感。

明朝体也有很多种类。要根据内容选择合适的种类。

哪个封面设计更有美感？
请说明理由。

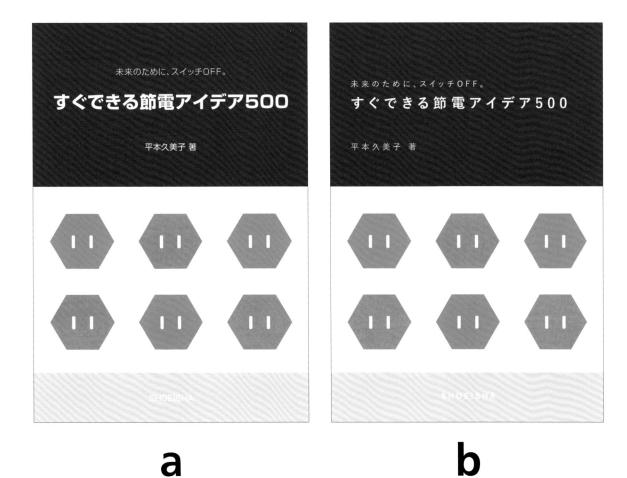

思考提示： 请关注字体。

A15

答案 b

GOOD

理由1
文字间有足够的间隔，是一个简明的版式设计。

理由2
选用了最新的流行字体。

NG

理由1
文字间的间隔不够，给人拘束的感觉。

理由2
行首没有对齐，不能固定住视线。

设计要点

宽的文字间隔给人漂亮的感觉

因为被人们所熟悉、可读性高，黑体可以说是平面设计中最受欢迎的字体之一。但是，重视可读性和冲击力而选择粗黑体，就会给人庸俗的印象。本案例在发挥出黑体可读性的同时，也表现出了很高的品质。用文字缩进和留白的版式设计来中和黑体的土气，就会给人富有冲击力的印象。因为字体也选择了较新的、流行的，所以没有陈旧的感觉。另外，文字没有居中对齐，而是左对齐，这样可读性就会提高。案例中使用的字体是根据具有代表性的OS的标准建立的"游黑体"。可见，即使不使用高价格的字体，注意文字缩进和留白等也可以做出高级的设计。

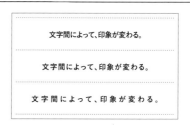

即使是同样的字体，改变文字间隔，给人的感觉也会改变。文字间隔加大，信息可读性就会增强。

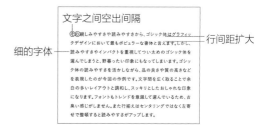

通常一篇长文使用明朝体，可读性会很高。实际上只要调整行间距和文字缩进，即使是使用黑体也可以保证可读性。

难易度：★ ★
由平本久美子老师设计并讲解

古典音乐演奏会的CD套，哪个更讲究？请说明理由。

a

b

思考提示： 请关注文字的使用方式。

A16

答案 b

GOOD

理由1

根据情况分开使用Serif体和Sans-Serif体，是张弛有度的设计。

理由2

文字组合处理得很精细，增强了符合规则的印象。

NG

理由1

非常粗的黑体和整体氛围不相符。

理由2

留白和两端对齐等文字组合处理得不够精致，没有讲究的感觉。

设计要点

挑选可以展现文字形象的西文字体

西文字体大致可以分为Serif系（衬线体）和Sans-Serif系（无衬线体）。可以对应日文字体来记忆，明朝体对应Serif系，黑体对应Sans-Serif系。虽然古典等传统的设计主要使用Serif系的字体，但是比起全部都用同一种字体，Serif系和Sans-Serif系混合使用的话，就会张弛有度而没有陈旧的感觉。换句话说，即使是Sans-Serif系，因为种类很多，所以也可以选出跟整体氛围相符的字体。案例中，选择了既不破坏纤细形象又奢华的Sans-Serif系的字体。另外，使用粗细和风格不同的字体交错组合来表示日期和场所等，就可以轻松把握住信息。各行两端对齐、行间距和留白均等精致的处理方法，就符合传统、严格的设计要求。

Serif系	Sans-Serif系
Times	**Arial Black**
TRAJAN	Helvetica
Baskerville	**Futura**

具有代表性的Serif系和Sans-Serif系的字体。选择符合设计方向的字体。

Museo Slab

KELSON SANS

glover

西文字体的流行趋势是Slav-Serif系和有点长的Sans-Serif系。细的Sans-Serif系也很有人气。

Q17

难易度：★ ★

由原弘始老师设计并讲解

哪个文字组合更漂亮？
请说明理由。

a

b

思考提示： 请比较文字缩进、行间距和留白平衡。

A17

答案 a

1 文字间距很合适。

2 行间距很合适。

1 文字间距过大。

2 行间距太小了。

GOOD

理由1

调节文字间距，给人有条理的印象。

理由2

行间距恰当，能够让文章给人沉稳的印象。

NG

理由1

文字间距过大，给人凌乱的印象。

理由2

行间距太小，给人非常狭窄的印象。

设计要点

整体氛围随着文字间距和行间距变化

文字想要更漂亮，读起来更容易，文字间距和行间距是很重要的。通过调节文字间距和行间距，可以使设计更加好看。文字间距是通过调整字与字之间的空隙来保持平衡的。没有调节文字间距的文章，它的空间就很凌乱，缺乏整齐感。特别是密度小的平假名和片假名，和汉字比起来，字符之间的空白以及和相邻文字的关系不同，空白感也不同。调节字间距，平衡感就会变好。而且，在调节文字间距的基础上，也要有条理地调节文本之间的间隔。紧凑的文本有紧张感，宽松的文本有宽敞舒适的感觉。

行间距太窄就容易让人读串行，太宽读起来就会很慢。虽然整体的文字量、每行的长度等物理的东西是一定的，但是不能机械地去完成，要根据意思和内容来调节，调节成让人看起来很舒服的状态是很有必要的。

＜紧凑＞紧张感

> いま、世界中のトレッカーを魅了する
> 雄々しき白馬連峰。

＜宽松＞宽敞舒适

> カメラを持ってでかけよう。
> 八方池トレッキング

根据文章的意思和内容来调节是很有必要的。

Q18

难易度：★
由原弘始老师设计并讲解

哪个是符合设计的字效？
请说明理由。

思考提示： 不损坏整体世界观表现的是哪个？

A18

答案 a

1 运用小阴影不露声色地提高可读性。

2 即使是空心文字，也采用了粗线条增加可读性。

1 发光效果过强。

2 空心文字的线太粗了，文字形态有点扭曲。

GOOD

理由1

运用小阴影不露声色地提高可读性，就显得很典雅。

理由2

即使是空心文字，也通过调整线条的粗细来增加可读性。

NG

理由1

文字周围的发光效果太强，对比过于明显，缺乏优雅的感觉。

理由2

空心文字的线太粗了，文字形态有点扭曲。

设计要点

注意字效会使印象完全不同

文字的修饰方法有很多种：虚线、阴影、发光、浮雕花纹……而且，它们还可以进行组合，"白边框＋阴影""空心文字＋阴影"和"双重空心文字"等多种多样的表现方法。像这样的字效虽然可以让文字本身变得很醒目，但是装饰太过就会破坏设计的气氛，所以要非常注意。案例中使用的，只用轮廓线来装饰文字的手法叫作"空心文字"。因为只是用线表示文字，所以文字的形状发生了变化。如果在选择字体、字号和线的粗细时没有慎重地考虑，文字就有可能会扭曲变形，影响可读性，一定要加以注意。

主要的文字修饰方法　　　　组合

飾りなし	白フチ＋影
白フチ文字	二重の袋文字
袋文字	袋文字＋影
影文字	
光彩	

主要的文字修饰方法。也有将这些方法组合使用的情况。

Q19

难 易 度：★ ★
由山田纯也老师设计并讲解

红酒聚会的DM（邮寄广告），哪个更适合？
请说明理由。

a

b

思考提示： 请关注字体的形状。

A19

答案 a

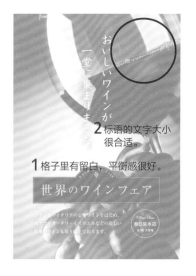

GOOD

理由1
格子里有足够的留白，有平衡感。

理由2
两列的标语，文字大小很合适，给人有档次的感觉。

NG

理由1
虽然格子里面的字很大很显眼，但是没有空白就会和整体的设计不相符。

理由2
过度使用了长体和扁平体，破坏了文字本来的美感。

设计要点

要仔细辨别什么时候使用文字的长体和扁平体

DTP、图形软件一般都可以通过改变水平比例和垂直比例来简单地改变文字的形状。改变水平宽度，垂直长度比较长的叫作"长体"；改变垂直长度，形成扁平形状的叫作"扁平体"。二者常用在需要标题文字和logo兼顾的设计中，以及在规定空间内不添加文字的情况下。前者大多是在不同种类的字体组合和填补形状的差别时使用；后者是在重复使用多个同样格式的格子的情况下，不改变文字的大小、输入字数很多的文本时使用。初学者很容易犯相关的错误，例如，太想让文字变得显眼，就用长体和扁平体把空间填满，导致版式设计缺乏可读性，并且很不美观。应该通过适当的留白、增加行数等方法来避免长体和扁平体的乱用。

長体 平体

长体和扁平体

文字数が多くはみ出す	文字数が少ない
文字数が多いので長体を使って収める。文字数が多いので長体を使って収める。文字数が多いので長体を使って収める。	文字数が少なければ枠内に綺麗に収まる。文字数が少なければ枠内に綺麗に収まる。文字数が少なければ枠内に綺麗に収まる。

文字数が多くはみ出す	文字数が少ない
文字数が多いので長体を使って収める。文字数が多いので長体を使って収める。文字数が多いので長体を使って収める。	文字数が少なければ枠内に綺麗に収まる。文字数が少なければ枠内に綺麗に収まる。文字数が少なければ枠内に綺麗に収まる。

左边是为了使文字在框架内而使用长体的例子。因为水平比例变成原来的85%，所有没有什么违和感。右边的文字本来就在框架内，并不需要使用扁平体。

Q20

难易度：★ ★ ★

由山田纯也老师设计并讲解

钢琴汇演的宣传单，哪个更适合？
请说明理由。

a

b

思考提示： 请关注文字符号。

A20

答案 b

GOOD

理由1
符号（记号类）使用全角，通过缩小间距来调节外观。

理由2
数字使用半角，稍稍调节了尺寸来保持平衡。

NG

理由1
因为符号使用半角，所以基准线不一致。

理由2
因为数字使用全角之后处于间距很宽的状态，所以文字间的空隙不固定，没有美感。

设计要点

符号（记号类）使用全角，通过缩小间距来调整

半角英文数字和半角片假名等西文输入使用的是"1个字符的字体"；相对的，汉字、平假名和全角片假名等日文输入使用的是"2个字符的字体"。1个字符的符号要用1个字符的字体，2个字符的符号要用2个字符的字体，如果用错了，就会影响外观。因为1个字符的括号是对准下划线的，所以和2个字符的日文组合，整体文字就会在基准线以下。相对的，因为2个字符的括号和基准线是一致的，所以看起来就很好看。但是，这样的文字间的空隙太宽，可缩小间距来调整，就会变成平衡感很好的文字组合。英文数字和日文组合的情况下，因为2个字符的字体的字幅和空隙比较宽，会影响平衡，所以一般都使用1个字符的字体。因为数字一般看起来比日文小，所以可通过调节尺寸来保持平衡。

基准线和下划线。即使是同一个字体，全角和半角也会影响括号等符号的形状。

> 1. 平成２７年（２０１５年）
>
> 2. 平成 27 年 (2015 年)
>
> 3. 平成 27 年 （2015 年）
>
> 4. 平成27年(2015年)

所有文字的字号是13pt。
1. 数字为2字符，括号为2字符；
2. 数字为1字符，括号为1字符；
3. 数字为1字符，括号为2字符；
4. 在例3的基础上缩小了间距，数字调节为14.5pt。

文字的反差

由原弘始老师设计并讲解

下面的页面中，在不能加大字体的情况下，如何使标题更明显？

コンサルティング・分析フェーズ

お客様のご希望をヒアリングしながら、サイトの目的を確立させることから
はじめます。その事業・サービスにはどんな背景と問題点があり、どんな目
的を持っているのか、ターゲットは誰か、同業他社の動向はどうか、実現す
るために何が必要なのか、ゴールは何かを考えながら、必要な Web サイト
のアウトラインを立案いたします。

設計フェーズ

立案した計画に基づいて Web サイトを設計していきます。Web サイトの設
計において重要なのは情報を整理し、ユーザーがワンストップで目的を達成
するための導線設計です。優先順位の高い情報は何か、目的のページにどの
ように誘導するか。ここを誤ると、大切なメッセージをユーザーに伝達する
機会を失ってしまいます。最小限の構成で、最大限の機能を果たす、機能的
な設計プランをご提案いたします。

デザイン・開発

設計した計画をもとにプロトタイプ（試作品）を作成し、お客様とのやりと
りの中で最終的なデザインを確定します。視覚で感じるデザインだけではな
く、使いやすさ、居心地のよさ、ゴールへの導線を常に意識したデザインを
心がけています。

mini Q06
标题和正文

由山田纯也老师设计并讲解

下图是杂志页面的版式设计。
标题、小标题、正文和注释应该用什么样的字体?
请在下面选择合适的字体。
优先考虑可视性和可读性,文字大小已经固定。

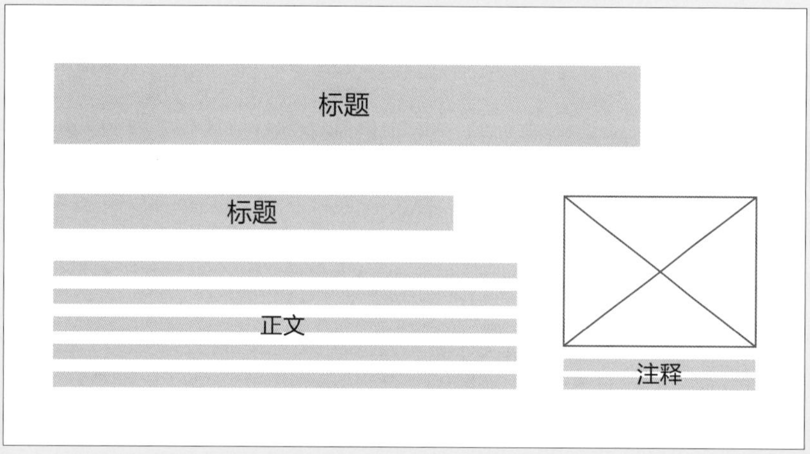

标题

标题

正文

注释

A 黑体
B 细黑体
C 粗黑体
D 明朝体
E 细明朝体
F 粗明朝体

可读性

由林晶子老师设计并讲解

下面的案例是杂志横版页面的版式设计。
①和②中照片的布置哪个更容易让人读下去？

①

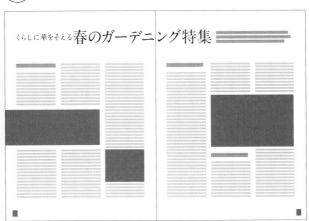

②

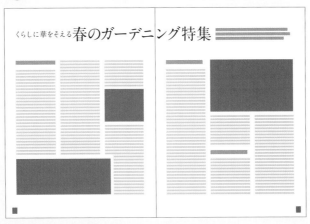

mini Q08
文字的一致性

由平本久美子老师设计并讲解

**提交的名片设计方案被上司说
"没有一致性，给人散漫的感觉"。
为了表现出文字的一致性，选择需要修改的选项。**

①段首对齐（　　）
②空出行间距（　　）
③缩小字间距（　　）
④减少使用的字体种类（　　）
⑤统一文字大小（　　）
⑥选择Serif系和Sans-Serif系中的
　一个（　　）

mini Q

A05

版式设计中，因为面积等原因，有不能调节文字大小、不能增大跳跃率的情况。这种情况下想要让设计变得显眼，就要装饰文字。答案中介绍了"加粗""加颜色""添加醒目的符号""添加下划线""用格子围起来"和"用颜色涂满指定区域"等技巧。只需要一点点工夫，就会有显著的效果。

加粗

加颜色

添加醒目的符号

添加下划线

用格子围起来

用颜色涂满指定区域

A06

标题→C
小标题→A或C
正文→D
注释→B

标题最重要的是要吸引目光。黑体因为可视性高，而且特别显眼，所以适合当标题。正文要使用可读性高的字体。因为小标题和正文要有明显的区别，所以采用与正文不同的字体和字号比较好。注释即使很小也要有可读性，所以细的黑体较为合适。

A07

②

段落组合的版式设计中，要让读者没有压力地读完正文，所以照片的布置非常重要。①的左页从第一段开始读之后，立刻看到一张长照片，就会有没读完第一段而直接跳到第二段的可能。右页2、3段之间也有同样的问题。如果照片像②那样布置，读者就可以没有困惑地一直读到最后。

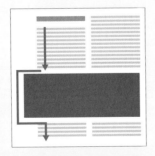

A08

①，④，⑥

一个页面中使用的字体种类应该统一。想要让文字看起来不一样的时候，不应该改变字体的种类，而是应该改变文字的大小和粗细。而且，使用段首对齐的方法来整理相关联的信息，就会给人简洁利落的感觉。虽然统一文字的大小可以使文字看上去有一致性，但是整体的合理的张弛度就会消失。如果是设计名片，放大姓名和公司名就会显得张弛有度。要注意如果行间距太宽，信息区域的分界线就会含糊不清。不缩小文字间距，而选取合适的宽度就会给人简洁利落的印象。

第3章

色彩

风险投资公司的业务介绍，哪个颜色搭配更好？
请说明理由。

思考提示： 哪个颜色搭配有统一感？

A21

答案 a

GOOD

理由1

虽然图表的颜色很多，但是基础颜色和色相一致。

理由2

使用一种基本色。

NG

理由1

图表颜色与基础颜色的色相、彩度和明度都不一样。

理由2

使用了两种基本色。

设计要点

色彩的三属性（色相、彩度、明度）至少要有一个是统一的

宣传册的设计要新颖，但是也不可以随意使用色彩。虽然GOOD和NG方案中使用的色彩数量并没有很大区别，但是GOOD方案看起来更有统一感。首先观察柱状图和背景色，GOOD和NG方案的背景颜色与图表颜色相比，彩度高、明度低，彩度和明度都不统一。

但是GOOD方案的柱状图大部分都使用与背景色同一色系的紫色，所以没有违和感。NG方案的背景是橘色的，色相、彩度和明度没有一个是统一的，所以给人不自然的感觉。阶梯图表也是一样的。NG方案的色彩三属性都没有统一，而且使用了与具有冲击力的橘色很相似但是色相不同的品红色作为标题的文字颜色，给人散漫的感觉。

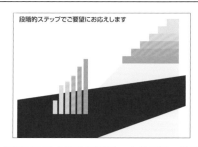

色彩三属性中的色相是同一个色系的。阶梯图表的明度也是统一的。

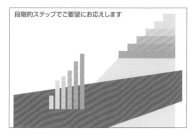

色彩三属性完全不统一的颜色搭配，而且标题的文字颜色很突兀。

印度咖喱节的广告宣传单，哪个看起来更美味？
请说明理由。

思考提示： 哪个颜色能衬托食物？

A22
答案 b

GOOD

理由1

暖色调可以勾起人们的食欲。

理由2

使用了符合照片形象的颜色搭配。

NG

理由1

主要使用了冷色调，会抑制人们的食欲。

理由2

颜色搭配使照片变得不显眼。

设计要点

食物以暖色调为基础，但是要根据题材随机应变

黄色和红色之类的暖色调给人温暖有活力的感觉，可以勾起人们的食欲。相对的，蓝色等冷色调给人镇定和冷的感觉，会抑制食欲。像这样以食物为主题的设计，使用暖色调可以传达给人们美味的印象。但是也有例外，例如刨冰等清凉的食物用冷色调可以传达给人冷飕飕的感觉。也有适合中间色的食物。例如绿色让人联想到蔬菜，红、紫色让人联想到浆果。本案例是以咖喱为题材。因为咖喱给人的印象是辣和热，所以像GOOD方案那样使用暖色系会让人觉得很美味。NG方案使用的深蓝色是与咖喱的形象完全不同的冷色系，虽然有冲击力但是完全没有美味的感觉。每个颜色给人的感觉都是不同的，要根据题材选择合适的颜色。

暖色系，一般可以增强食欲。

冷色系，一般会降低食欲。

难易度：★ ★
由平本久美子老师设计并讲解

儿童服装店的大减价POP，哪个色调更合适？
请说明理由。

UP TO 80%off

a

SUMMER SALE ALL ITEM PRICE DOWN

UP TO 80%off

b

思考提示： 哪个即使很远也可以被注意到？

A23
答案 b

1 使用了给人像孩子一样活泼，以及夏天感觉的色调。

2 可读性高，即使距离很远也可以认出文字。

1 使用的颜色太多。

2 因为对比度太弱，所以文字读起来很费劲。

GOOD

理由1

使用了给人像孩子一样活泼，以及夏天感觉的色调。

理由2

可读性高，即使距离很远也可以认出文字。

NG

理由1

使用的颜色太多，色彩泛滥。

理由2

因为对比度太弱，所以文字读起来很费劲。

设计要点

基本的3种颜色的比例是6：3：1

色调不是随意选择的，首先要确定3种基本颜色。基础色：主要色：重点色大体是6：3：1的比例。对于主要色，想给人夏天的感觉就用海蓝色，想给人自然的感觉就用绿色，商品就用商品的关键颜色，公司就用公司的象征颜色。在决定不了主要色的情况下，就以目标人群的性别、年龄和喜好，以及季节等作为判断依据。重点色选择主要色的补色。基础色是底色，要以上面的文字读起来不困难为依据来选择。使用3种以上颜色的时候，虽然颜色增多了，但是还是要保持6：3：1的比例。

基础色、主要色和重点色的平衡是6：3：1。即使颜色种类增加了，也不要破坏这种平衡。

设计方案的颜色变化应根据目标人群的喜好和季节等来选择合适的色调。

Q24

难易度：★
由平本久美子老师设计并讲解

健身俱乐部的宣传广告，哪个文字读起来更容易？ 请说明理由。

思考提示： 考虑色彩搭配。

A24

答案 a

GOOD

理由1

各要素的色彩对比强烈，完美保障了可读性。

理由2

使用同色系和类似的颜色，整体有统一感。

NG

理由1

背景色和文字色对比不明显，读起来很困难。

理由2

背景色与其上覆盖的图案的明度对比不明显，文字读起来不容易。

设计要点

决定可读性的是对比

为了提高可读性（文字阅读难易程度），背景色和文字色明度的对比是很重要的。白底的情况下，黑色是对比最强的颜色。印刷品还不能明显感觉出来，Web等媒介展示的文字有时由于环境的影响，对比度太明显反而不容易阅读，所以有必要将文字颜色稍微偏向于灰色。即使背景不是白色，明亮的背景搭配昏暗的文字也是应有的搭配。这时，因为把不同色相的颜色组合起来晕染，文字的可读性就会受影响，所以应使用类似色和同色系的颜色组合。在背景中添加图案的时候，图案和背景色也要有对比。对比不明显，文字读起来就会很困难。谨慎地使用图案或者为文字添加边缘和阴影都会使可读性提高。

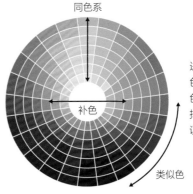

同色系

补色

类似色

进行除了单色以外的颜色搭配的时候，从类似色或同色系的颜色中选择两种颜色搭配可以保证可读性。

检查对比度的时候，可以使用灰度图来确认。

Q25

哪个是引人注目的设计？
请说明理由。

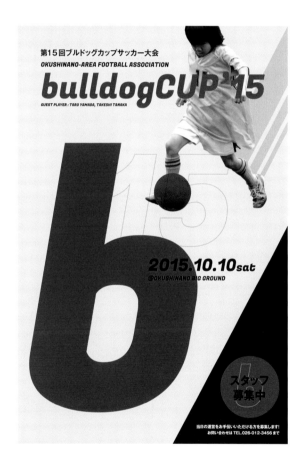

a

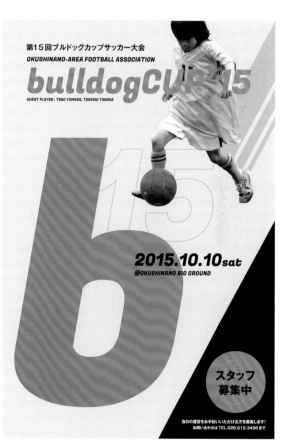

b

思考提示： 哪种颜色可以吸引人的目光？

A25

答案 a

GOOD

理由1

暖色系是引人注目的颜色。

理由2

相邻颜色无论是白色还是黑色都可以清楚地看到。

NG

理由1

冷色系的吸引力弱，不能引人注意。

理由2

和黑色相邻的部分看起来有点暗淡。

设计要点

想要增加关注度的时候，就要使用吸引力强的颜色

红色、橘色和黄色等暖色系的吸引力程度高，相对的蓝色、绿色和紫色等冷色系的程度低。例如，道路标志中使用黄色和红色表示危险，即使不特别关注也会被这些颜色吸引注意力。另外，除了跟冷暖色系有关之外，吸引力还和彩度（有彩色强于无彩色）和明度（白强于黑）有关。在设计中，想要增加关注度就用吸引力强的颜色，相反，不想被注意到或不想太花哨的时候，使用吸引力弱的颜色。颜色是相对的，吸引力强的颜色在某些环境里也会变得不明显。

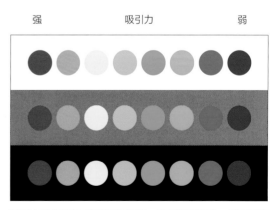

吸引力强的颜色不管背景是黑色、灰色还是白色，都可以清楚地呈现出来。

难易度：★ ★

由原弘始老师设计并讲解

哪个颜色搭配更和谐？
请说明理由。

a

b

思考提示： 哪个能明了地传达信息？

A26

答案 a

1 控制颜色数量。

2 想要传达的信息使用了重点颜色。

1 颜色数量太多。

2 不容易找到重要信息。

GOOD

理由1

控制颜色数量，整体世界观可以完美地表现出来。

理由2

想要传达的信息使用了重点颜色。

NG

理由1

颜色数量太多，给人乱七八糟的感觉。

理由2

只是强烈地排列颜色，不容易找到哪个是重要的信息。

设计要点

决定主要、辅助和重点颜色

颜色搭配要明确主要色、辅助色和重点色。主要色占有最多的面积，有决定整体形象的功能，所以设计时要根据想要赋予的形象来选择不同的颜色。辅助色起到辅助的效果，给予主要色附加属性。重点色选用醒目的颜色，占用一小块面积，起到引人注意的作用。重点色如果使用得太多，就会变得不显眼，一般来说，占整体5%~10%是最佳的比例。

主要色、辅助色和重点色的分配

面向儿童的工作室的宣传单，哪个颜色搭配更合适？
请说明理由。

a

b

思考提示： 考虑颜色搭配的"重心"。

A27

答案 b

GOOD

理由1

暖色系和淡蓝色的组合，完美地表现出有活力、明朗的暑假的特点。

理由2

下方使用了明度较低的茶色，使重心下降，给人稳定的感觉。

NG

理由1

明度低的冷色系组合搭配，与孩子的形象和暑假的印象不相符，给人夜晚的感觉。

理由2

上方使用明度低的颜色，重心偏高，给人紧张的感觉，与主题不符。

设计要点

通过颜色搭配改变重心来调节平衡

彩度和明度是色彩的要素。彩度表示颜色的鲜艳度和强度。即使都是红色系，太阳鲜艳的红色和红豆的红色的彩度也是不一样的。明度表示颜色的明亮度。明度高的明亮的颜色和黄色等高彩度的纯色给人轻快的感觉，低明度的暗色和蓝色等高彩度的纯色给人沉重的感觉。设计版式的时候，上半部分使用深色，重心就会偏上，给人紧张感。相反，下半部分使用深色，重心就会偏下，给人稳定感。因为要素的位置和照片的密度也会影响重心，所以要通过颜色搭配来调节平衡。虽然可以说重心低的版式设计是好的版式设计，但是这也不是绝对的。根据主题不同，也有需要表现出紧张感和不稳定感的版式设计，要根据情况区别使用。

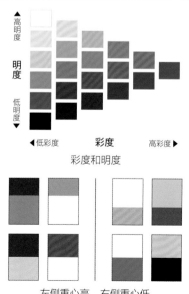

彩度和明度

左侧重心高，右侧重心低

Q28

难易度：★ ★

由山田纯也老师设计并讲解

运动品牌的广告，哪个可以给人留下深刻印象？请说明理由。

a

b

思考提示： 哪张照片格外显眼？

A28

答案 a

GOOD

理由1

黑白照片就像把动作截下来一样，有跃动感，符合广告的形象。

理由2

无彩色照片使彩色标语更加突出。

NG

理由1

虽然彩色照片也不是不好，但是这个使用方法缺乏冲击力。

理由2

标语和Logo使用的黄色辨识度低，隐没在照片里。

设计要点

有效地组合有彩色和无彩色

把所有的颜色大体分类，可以分为无彩色和有彩色。无彩色是只有明度的颜色，最明亮的无彩色是白色，从白色经过灰色，到最暗的无彩色黑色为止。有彩色是红、蓝、黄等颜色，都有色相、彩度和明度等色彩三属性，也就是说是除了无彩色以外的所有颜色就是有彩色。只使用有彩色的设计（特别是同色系的组合）会给人松弛的印象。无彩色的黑色作为要点使用，白色作为留白使用，整体形象就会紧凑。相反，基本是由无彩色构成的设计中，有彩色作为要点使用，就会使有彩色更加突出。特别是在想要突出要点或想要整体形象有冲击力的时候，这是很有效的手法。

上面是无彩色，下面是有彩色

 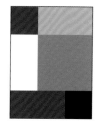

与只使用有彩色相比，用无彩色突出要点可以给人紧凑的印象。

Q29

难易度：★ ★ ★
由林晶子老师设计并讲解

英语培训学校宣传活动的DM，哪个更容易阅读？
请说明理由。

a

b

思考提示： 请关注标题。

A29

答案 a

GOOD

理由1
有明度差的颜色搭配使文字更容易阅读。

理由2
使用白色文字更有效果。

NG

理由1
因为使用了明度相近的颜色，所以文字变得不容易阅读。

理由2
绿色背景和红色文字的组合对人们来说是不容易分辨的。

设计要点

对所有人都很友好的设计

要想做出使用深颜色的版式设计，需要考虑的事情很多，一步之差就会使文字变得不容易阅读。就拿英语培训学校的DM作为例子，除了文字，a、b两个方案其他部分都使用了绿、橘、蓝、粉等不同色相的颜色，明度都是从中间较暗的颜色开始使用的。GOOD方案中的文字是白色的或者淡黄色的，比较明亮。NG方案中绿色的背景上是红色的文字，还有其他背景上是黑色的文字，这样设计会让文字很难阅读。背景和文字的明度有差距，文字就会显眼，也会有容易阅读的冲击力。相反，明度相近的颜色重叠使用就会降低可读性，对人们来说就会辨别不清。

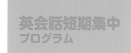
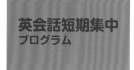

阅读起来很困难的颜色组合。只是单纯觉得红色可以使文字更显眼，这样的设计很容易失败。

色彩

由原弘始老师设计并讲解

网站使用的图标颜色，哪个更合适？

A 帮助　　　⚠️ 注意事项

B ❓ 帮助　　　⚠️ 注意事项

mini Q10
补色

由山田纯也老师设计并讲解

下面 5 个案例中，哪个是运用了补色的 Logo？

A

B

C

D

E

※ 补色是指色相环（将颜色按顺序排列在圆环上）中位于相对位置的颜色。

mini Q11
以色相为中心的颜色搭配

由林晶子老师设计并讲解

下面的例子是积分卡的设计。
3个例子的第一部分全部都以绿色为基础，
分别使用了3种颜色。
按这3种颜色的色相相近程度由高到低排序，
3个例子的顺序是什么？

① POINT CARD

② POINT CARD

③ POINT CARD

mini Q12
以色调为中心的颜色搭配

由平本久美子老师设计并讲解

下列颜色分别属于哪个分组？按色调分类。

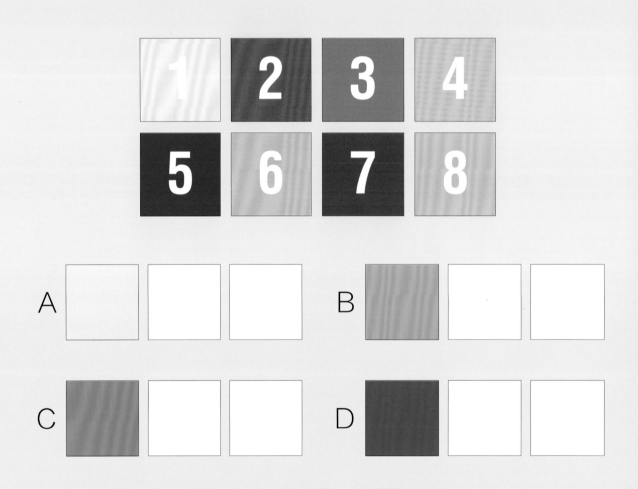

mini Q

A09

A

"帮助"是辅助的意思,是有需要的时候才会看的内容,所以没有必要特别显眼。相反,"注意事项"是一定要被看到的信息,要用吸引力较强的暖色来表现。

A10

A, C, D

补色在色相环中是相对位置的颜色。补色组合搭配,两种颜色都会变得更加显眼。这两种颜色紧密结合的话,就会有晃眼睛的现象,也就是说"会产生晕影",这一点要特别注意。

A11

①→③→②

①中使用的3种颜色实际上是色相完全相同而只有色调不同的颜色。接下来色相最接近的是③,虽然有些许不同,但是使用了色相相近的颜色。色相最不接近的是②,特别是第一和第三两个部分是补色的关系。虽然"色调不同给人的印象也不同"这一说法并不能一概而论,但是基本上色相相近就会给人沉着、冷静的感觉,色相相差很远就会给人大胆的印象。

A12

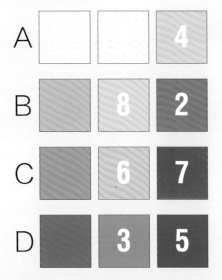

色调统一的颜色搭配叫"主色调配色",即使是色相不同的颜色搭配,色调统一之后也会有统一感。最明亮的淡色调(A)给人淡雅的感觉,儿童用品和化妆品经常使用这一色调。彩度最高的艳色调(C)给人活泼有活力的感觉。与淡色调相对的暗色调(D)是成熟、稳重的颜色搭配。最近网上流行的平面设计是彩度略有点低的明亮的软调(B)。

第4章

图片

难易度：★ ★
由林晶子老师设计并讲解

健身房入会介绍的广告宣传单，哪个更能激发干劲？请说明理由。

思考提示： 哪个能让人想象出健身房的气氛？

A30

答案 a

GOOD

理由1

因为图片和内容相符，所以这是什么广告一目了然。

理由2

图片有现场的感觉和动人的力量，引人注目。

NG

理由1

不能一眼看出这是关于什么的广告。

理由2

图片小而整洁，没有动人心魄的力量。

设计要点

选择符合文案和能够最佳匹配内容的图片

对于健身房的会员招募广告，选择图片的时候是任何图片都可以吗？一般人认为，应该选择开心地挥洒汗水的人的图片。但是只是这样是不够的。像GOOD方案一样把设备照上去，看到的人就会想象自己在上面运动的姿态。相反，即使看了NG方案，人们也想象不出自己运动的样子，只把运动的人放在设计上，吸引力会很弱。我们再来看图片的使用方法。NG方案因为使用了裁剪过的图片，就显得小而整洁。为了能让人感觉到"今年一定要进行身体革命"，进行更加有生气的设计是很有必要的。这一点GOOD方案做到了，整个版面的2/3都是图片，给人亲临现场的感觉。就像这样，通过图片的选择和处理，可以改变设计给人带来的感受。

在缺少理想的图片，而只有运动人物图片可以使用的情况下，把人物放大处理并裁剪出来也可以让人感觉到朝气蓬勃。

Q31

难易度：★ ★

由平本久美子老师设计并讲解

免费杂志的封面，哪个更有条理？
请说明理由。

a

b

思考提示： 哪个图片和文字的平衡感更好？

A31

答案 a

GOOD

理由1

有纵深感的图片构图，显得有生气，是张弛有度的版式设计。

理由2

顺着视线的方向，可以毫不费力地掌握信息。

NG

理由1

没有发挥出图片的优点。

理由2

这种设计容易让观看者视线游移，很难掌握信息。

设计要点

修剪成可以方便布置文字的构图

对于图片占整个版面的设计，图片的构图和文字之间的平衡是很重要的。与拍摄对象在中间的构图相比，偏右或偏左的构图可以留下足够的留白，比较容易布置文字。拍摄对象上面留白的构图可以确保有布置标题的区域，这种构图一般用于宣传单和杂志的封面。在GOOD方案中，图片上面的空间有颜色的变化，标题区域很明显。另外，在复杂图案上面放置文字的时候，选择粗字体并且加上描边效果可以提高文字的可读性。将深色的广告提示框放在左上角，观看者的视线就会以它为起点，更容易移动。配合图片的构图，应该根据视线的方向来布局文字。

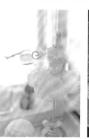

可以方便放置文字的图片修剪案例。上部、左部和右部有留白的"コ"字形的构图使用起来很方便。

方案b的改良版。拍摄对象仍然在中间，改良了文字组合方式。

以年轻女性为目标受众的App广告，哪个更好？
请说明理由。

思考提示： 哪个更能吸引目标受众？

A32

答案 a

1 能够吸引目标受众，有冲击力的设计。

2 标语和服务名引人注目的版式设计。

1 对年轻女性的吸引力弱。

何を着たらいいのか
わからない！
そんなあなたへ。

2 标语不容易被看到。

GOOD

理由1

能够吸引目标受众，是有冲击力的设计。

理由2

是标语和服务名引人注目的版式设计。

NG

理由1

对年轻女性吸引力弱。

理由2

是标语不容易被看到的版式设计。

设计要点

通过图片和标语的组合来彰显个性

经常能在时尚品牌的创意方面看到，以图片和标语为主体的平面设计，可以给人强烈的视觉冲击。用简单的构成来奢侈地使用纸面可以提高品牌印象，或者干脆不加入说明，这样反而会使受众对商品和服务感兴趣。像案例中，带有哲学意味的标语中包含了商品的特点，与富有个性的女性图片相结合，成功吸引了年轻女性。不直接采用与服装相关的图片和标语，而以"苦恼的女孩"为切入口引起人们的兴趣，就成了"仔细看原来是App广告"这样的曲线引导。根据目标和产品的目的，直接的表达方式有时会更受欢迎，所以从选定图片和标语的阶段开始，就要不断提出最能吸引目标受众的方案。

目标受众为年轻男性的变化案例。放入与目标受众相近的人物可以增加亲近感。

标语不变的b方案的改良版。从构图上来看，在图片上放置文字是很难的，可以与整面纯色背景组合使用。

Q33

难易度：★
由原弘始老师设计并讲解

哪个有效地进行了裁剪？
请说明理由。

思考提示：请注意每张图片的尺寸。

A33

答案 a

2 拍摄对象的尺寸张弛有度。

1 保留空间，传达出了图片的氛围。

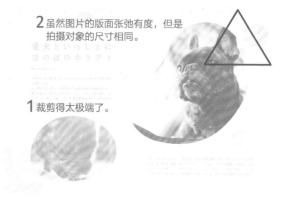

2 虽然图片的版面张弛有度，但是拍摄对象的尺寸相同。

1 裁剪得太极端了。

GOOD

理由1

保留空间，充分传达出了图片的氛围。

理由2

两张图片中头部的大小不同，张弛有度。

NG

理由1

裁剪得太极端，没有空余的空间。

理由2

虽然图片的版面张弛有度，但是两张图片中头部的大小相同，破坏了平衡感。

设计要点

极端的裁剪会破坏图片的形象

裁剪是截取一部分图片使用的手法。具体的方法有放大图片中重要的部分；当图片上出现了多余的元素时，将该元素去除；截取空间以提高图片本身的魅力……

重要的是要清楚地知道"想要传达什么"。极端的裁剪会破坏图片形象，造成周围空间充满压迫感。

另外，一个版面有多张裁剪图片的时候，要仔细考虑裁剪的尺寸和裁剪对象的平衡。想要在图片版面中加入跳跃率时，最好要有张弛有度的尺寸感，跳跃率低的时候，可以通过为拍摄对象增加跳跃率来保持张弛有度的感觉。

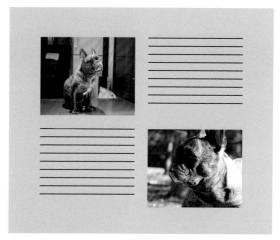

在图片版面跳跃率低的情况下，可以通过裁剪拍摄对象的大小来产生张弛有度的感觉。

Q34

难易度：★
由原弘始老师设计并讲解

哪个是能发挥图片魅力的设计？
请说明理由。

a

b

思考提示： 想要表现"自由"的设计。

A34

答案 a

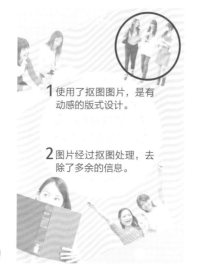

1 使用了抠图图片，是有动感的版式设计。

2 图片经过抠图处理，去除了多余的信息。

1 所有图片都是按相同的圆形样式来排列的。

2 重要的部分不明显，不重要的信息很明显。

GOOD

理由1

使用了抠图图片，保留图片优点的同时也增加了动感。

理由2

图片经过抠图处理，去除了多余的信息。

NG

理由1

所有图片都是按相同的圆形样式来排列的，不能传达出每张图片的魅力。

理由2

重要的部分不明显，不重要的信息很明显。

设计要点

灵活使用抠图，实现自由的版式设计

图片被抠图之后，明确了图片本身的形状，这样的多张图片组合后会产生多样性，容易进行自由的版式设计。因为图片和图片之间有空间，所以可以比较容易地自由布局文字。如果所使用的图片不能裁剪，抠图之后可以采用倾斜放置的方法实现自由感的版式设计。

NG方案中，图片全部都裁剪成圆形，这就造成了很多问题，例如，专门摆出的振臂高呼的姿势的手腕部分被盖住了（右下角图片），人物不够完整（左上角图片），以及图片的优点和氛围不能很好地展示出来。活用抠图来把图片本身的魅力最大限度地展现出来，表现出自由感。

抠图后图片的周围留下粗糙的空白轮廓，可以增加流行感。

面包店的DM，哪个更合适？
请说明理由。

a

b

思考提示： 哪张食物的图片更合适？

A35

答案 b

1 通过适当的颜色修正使得面包看起来很好吃。

2 图片通过裁剪产生了变化。

Polarbear
Bakery

Open 9:00am~6:00pm
Closed on Tuesday

Funamachi, Shinjuku-ku, Tokyo, 160-0006, Japan　tel 123-456-7890

GOOD

理由1

通过适当的颜色修正使得面包看起来很好吃。

理由2

通过裁剪图片使拍摄对象产生了变化，突出了味道。

1 面包偏蓝色，没有好吃的感觉。

Polarbear
Bakery

Open 9:00am~6:00pm
Closed Tuesday

2 在构图上没有下功夫，留白的平衡不好。

Funamachi, Shinjuku-ku, Tokyo, 160-0006, Japan　tel 123-456-7890

NG

理由1

面包偏蓝色，没有好吃的感觉。

理由2

在构图上没有下功夫，留白的平衡不好。

设计要点

图片通过润饰变得更有魅力

受光源等因素的影响，图片的颜色与真实的颜色相比有些偏差，这种现象叫"偏色"。拍摄食物和料理的图片的时候，颜色可能会偏蓝色和绿色。偏蓝色图片的料理绝对不会看起来很好吃。偏色主要是因为相机的白平衡设置不合适，可用修图软件调节色调曲线等，修正图片的白平衡。对于焦距合适，但是就是不清楚的图片，可以通过调节对比度来修正。食物的图片，专门往偏红色的方向调整，是勾起人们食欲的技巧。另外，合适的裁剪能进一步发挥出图片的魅力。

整体没有清晰的形象。

调节明度和对比度，就会有利落感。

难易度：★ ★ ★
由山田纯也老师设计并讲解

杂货店的DM，哪个更合适？
请说明理由。

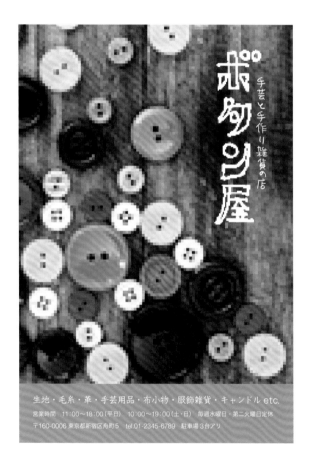

a

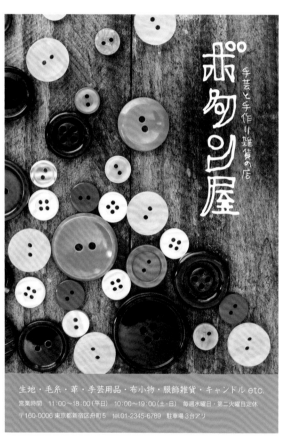

b

思考提示：请关注背景图片和Logo。

A36

答案 b

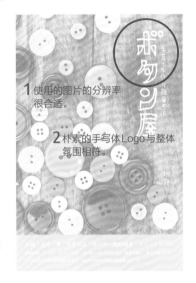

GOOD

理由1

因为使用了分辨率合适的图片，所以鲜明地表现出了纽扣的光泽和纹理。

理由2

朴素的手写体Logo与整体氛围相符。

NG

理由1

因为使用了拉伸的、分辨率低的、尺寸小的图片，所以整体很模糊。

理由2

因为手写体的Logo在扫描的时候设定了低分辨率，所以锯齿特别明显。

设计要点

理解图像文件的分辨率，结合用途区别使用

印刷图片资料的时候，存在画面上看起来很好看，但完成之后很粗糙、不好看的情况，这是因为图像分辨率低。图像分辨率是表示图像精细程度的数值，单位是dpi（dot per inch）或者ppi（pixel per inch），表示1英寸（25.4mm）上排列多少点（像素），数值越大，像素密度越大，图片越精细。如果是网页上显示的图像，72~96dpi的看起来就十分好看了，但是对于一般的印刷品来说，300~400dpi才是合适的分辨率。海报等大尺寸的东西，因为要以离得远也能看见为前提，所以即使是200dpi也是没问题的。虽然印刷品中也有使用网站的图片和数码相机拍摄的低分辨率的照片的案例，但是请注意一定要使用高分辨率的图片。

300dpi的图像的实际尺寸。

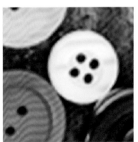

72dpi的图像拉伸之后的样子，受拉伸的影响，图像模糊不清。

难易度：★
由林晶子老师设计并讲解

服务介绍的广告单，哪个设计更讲究？
请说明理由。

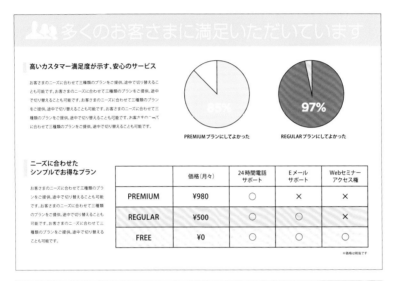

思考提示： 请关注图表格线的处理。

A37

答案 b

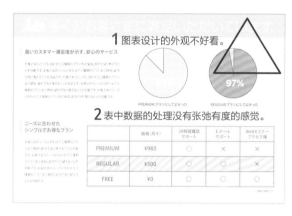

GOOD

理由1
图表的处理很讲究。

理由2
图表中想要强调的数字一目了然。

NG

理由1
图表设计的外观不好看。

理由2
表中数据的处理缺乏张弛有度的感觉。

设计要点

单调的图表经过颜色的搭配和设计处理来增加张弛有度的感觉

在设计价格表、服务项目和问卷调查结果等图表内容时，提供的原稿有很多是Excel文件。在设计时我们要充分考虑怎么展现这些图表才能有效地传达信息，采用什么样的形式更方便观看，以及怎么处理才能吸引读者等问题。NG方案的饼图和表格的颜色是区别使用的，但是和原稿一样的黑色线格非常显眼，与整体柔和的设计理念不符。表格内数据的字号大小全部一样，显得有些单调。O、X的处理也不时尚。相反，GOOD方案中去除了所有黑色的线格，只通过颜色的明暗来实现可视性。另外，表格中最想强调的名称和价格部分的文字一目了然，内容很容易理解。

使用白色的线格也是避免黑色线格的方法之一。

Q38

难易度：★ ★
由林晶子老师设计并讲解

理发店促销活动的DM，哪个更自然、高雅？
请说明理由。

a

b

思考提示： 请思考最想让人注意到的是什么。

A38

答案 b

GOOD

理由1

因为装饰的背景比较低调，所以发型模特的照片很显眼。

理由2

文字的装饰也控制在了最小限度，很自然。

NG

理由1

重点之外的要素太强烈了。

理由2

文字装饰太过，给人很廉价的感觉。

设计要点

确定想要被展示的内容是很重要的，其他的要素始终是衬托

如果用3张模特和花的照片制作DM，可以有很多种设计模式，但有一点不要忘记，宣传语和模特照片是主要的要素，其他的要素不能太突出。NG方案中首先映入眼帘的是粗糙质感的背景，与清爽的模特气质完全不相符，而且深色使得照片不那么醒目。花的抠图照片太粗糙，宣传语的处理太多余了，整体氛围给人廉价的感觉。GOOD方案中因为背景使用了质感低调的白色，并且花的抠图照片比模特照片更低调，所以模特照片被很好地衬托了出来。文字没有过度的装饰，给人简单、自然的印象，让人们提起去这个理发店试一试的兴趣。

白色砖块的背景。虽然低调，但是给人自然的韵味。

背景太过高调，和理发店的形象不相符。

为了彰显杂志页面的动人心魄的力量，
图片经过裁剪之后进行了重新布局。
A~C中，哪个是正确的？
另外，说明不正确的理由是什么。

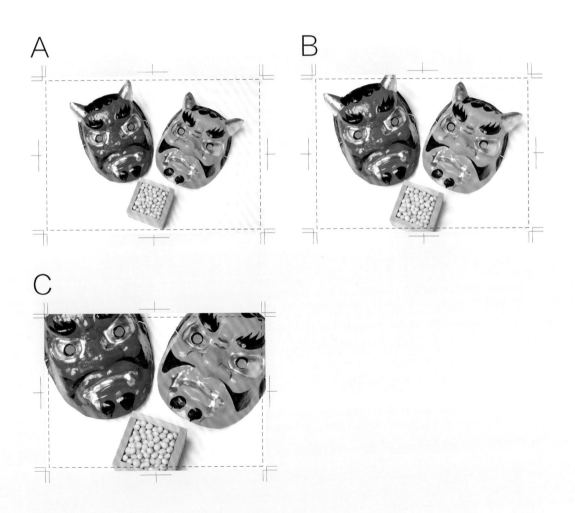

※ 虚线是实际完成的尺寸。

mini Q14
倾向、构成

由山田纯也老师设计并讲解

下面是杂志扉页的案例。3种版式设计分别适用于下面6个主题中的哪一个？从a、b、c中选择。

目标（a、b、c）　　记忆（a、b、c）
诀别（a、b、c）　　孤独（a、b、c）
希望（a、b、c）　　不安（a、b、c）

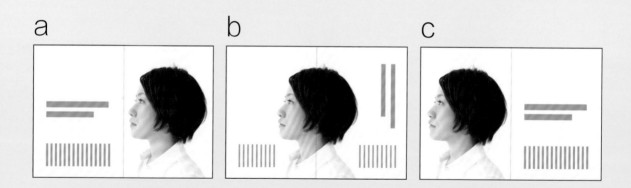

※ 杂志是向右翻的。

构成

由林晶子老师设计并讲解

下面的案例是杂志封面的设计。
①、②中哪张图片的处理更有生气、更有动人心魄的力量？

①

②

mini Q16
图表中的文字跳跃率

由平本久美子老师设计并讲解

下图是某数据的柱状图。文字的大小全部处于相同的状态。
为了使版面更加张弛有度，更易阅读，
哪些文字需要缩小？哪些文字需要放大？

mini Q

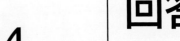

A13

B

这里的裁剪是利用杂志版面的裁切线裁剪照片的手法，可以说整个版面都是图像。这种方法可以设计出有冲击力的设计，但是使用的时候要非常注意。案例A中最终完成的对象正好镶嵌在裁切线内，整体效果非常不稳定。案例C虽然有动人心魄的力量，但是面具的角全部隐藏了起来，吸引力反而变弱了。案例B是平衡感很好的裁剪，拥有动人心魄的力量。

A14

目标→a
记忆→c
诀别→c
孤独→b
希望→a
不安→b

a中人物的目光前面留有空间，c正好相反，空间和标题在人物的背后。以人物为中心来思考，a给人"未来"和"前"的印象，c给人"过去"和"后"的印象，b有"停止"和"现在"的印象，应选择符合文字内容的版式设计。

A15

即使是同样的照片，通过剪裁，印象也可以完全改变。与①中把模特全部放入纸面的处理相比，②中的照片放大之后增强了动人心魄的力量和存在感。另外，观

察②中模特的头部和Logo的关系，可以看到头部的一部分覆盖在了TENNIS的Logo上，这种手法经常使用在杂志封面上，可以让人感觉更有立体感和生气。

A16

可以通过控制跳跃率赋予图中的文字张弛有度的感觉。首先图表的标题放大、变粗，使之更加明显，清楚地传达出这是关于什么的图表。对于图表中频繁出现的"数字＋单位"构成的文字，放大数字，缩小单位，就会让人更容易掌握数据。另外，将想要留下深刻印象的数字放大，而刻度等数字保持不变，可以增强对比度。

第5章

网页和DTP设计

难易度：★★

由平本久美子老师设计并讲解

安全软件的引导页，哪个是更适合的第一视图？请说明理由。

a

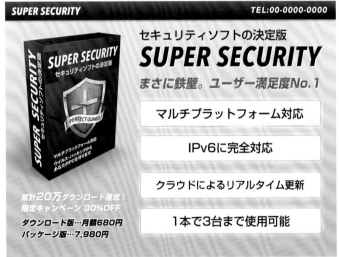

b

思考提示： 请思考引导页的目的是什么。

A39

答案 a

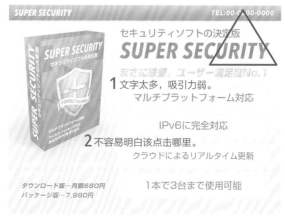

GOOD

理由1

文字图像化，可以直观地抓住要点。

理由2

购买按钮等要素放在第一视图里。

NG

理由1

文字太多，吸引力弱的设计。

理由2

这种设计不容易让人明白该点击哪里。

设计要点

请用有冲击力的第一视图来引起用户的兴趣

引导页是通过在一页里集中展示商品和服务来吸引用户进行下订单和咨询等动作的页面，它采用了使用滚动条向下阅读的形式。阅读页面时最开始看到的区域叫作第一视图。能不能通过第一视图引起用户的兴趣是成功的关键。这个区域包含商品照片的"主要图形"，传达形象和优点的"宣传语"，"销售累计突破2万"等"客观数据"，还有推动购买等的"动作按钮"等多种要素。各要素不要都通过文字来表现，要尽可能多地图像化，这样可以提高对用户的吸引力。

传达信息采用关键词会比大量文字更直观。虽然提炼关键词并进行图像化处理会花费一些时间和精力，但是这样的设计积累起来可以提高整体的品质。

动作按钮是重要元素。在页面任意位置放置，要设计成大的容易点击的形状。

户外博客的设计，哪个是男性化、强有力的颜色搭配？请说明理由。

思考提示： 可以感受到自然的力量的颜色搭配是哪一个？

A40

答案 b

GOOD

理由1

黑＋暖色系是可以让人感受到能量的颜色搭配。

理由2

大地色是男性化的，营造了沉着、稳重的氛围。

NG

理由1

白色的部分太多，明亮的印象稍微有点儿强。

理由2

白色＋冷色系的颜色搭配没有给人带来力量感。

设计要点

如果想要表现出精力充沛的印象，请使用黑色和暖色系的组合

说起体现自然形象的颜色，可能想到的是树木的绿色和天空和海洋的蓝色。但是，原本以绿色和蓝色较多的自然照片为主的网站，与其补色的暖色系组合的话，就可以发挥出照片本身带有的雄伟的形象和自然的生命力。暖色和黑色组合的话，网站整体效果就会很紧凑。黑＋原色的组合有强烈而有力的形象，加入大地色的衬托，整体就会有沉着、稳重的感觉。大地色是从原色和同色系中选出的接近灰色的颜色。

另外，博客文章的背景不只是纯粹的白色，而是使用了稍微有点明亮的米色等彩度低的颜色。黑色文字减弱了对比度，使正文读起来更容易，与大地色的亲和性也提高了，使网页整体有统一感。

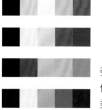

强有力的印象的颜色搭配。不过度使用不同色相的颜色，同色系和类似色的组合搭配就会有统一感。

将方案a的Logo的背景色变成黑色。整体版面更紧凑，读者的目光自然转向目录部分。

难易度：★
由原弘始老师设计并讲解

哪个网站阅读起来比较容易？
请说明理由。

思考提示： 请关注视线的移动距离。

A41

答案 **b**

GOOD

理由1

分为两栏，即使换行也不会迷失文字的流向。

理由2

合适的行间距可以让人不串行地读下去。

NG

理由1

一行的文字太多，读起来很累。

理由2

行间距太小，转行很麻烦。

设计要点

调整每行的文字数量，选择合适的行间距

当前电子设备屏幕尺寸的宽屏化和高分辨率化等趋势，以及以移动端设备浏览为主的网页表现方法，导致没有侧边栏的一栏式版式设计在不断增加。这时，一定要在特别大的区域中展示信息。但是，一行中包含的文字量增加的话，从行末向下一行移动的视线距离就会变长，就会一直积累阅读文章的疲劳感。一定要避免因为阅读困难而停止阅读的情况。为了确定一行中输入的文字量，需要下一些功夫，比如将文字分为两栏，缩小文字栏的宽度，确保行间距合适等。

行间距120%　ワークフローの手順は、お客様のご希望をヒアリングしながら、サイトの目的を確立させることからはじめます。その事業・サービスにはどんな背景と問題点があり、どんな目的を持っているのか、ターゲットは誰か、同業他社の動向はどうか、実現するために何が必要なのか、ゴールは何かを考えながら、必要なWebサイトのアウトラインを立案いたします。

行间距180%　ワークフローの手順は、お客様のご希望をヒアリングしながら、サイトの目的を確立させることからはじめます。その事業・サービスにはどんな背景と問題点があり、どんな目的を持っているのか、ターゲットは誰か、同業他社の動向はどうか、実現するために何が必要なのか、ゴールは何かを考えながら、必要なWebサイトのアウトラインを立案いたします。

一般文字水平排列的时候，行间距为150%~180%是比较容易阅读的。

难 易 度： ★
由原弘始老师设计并讲解

智能手机网页的按钮设计，哪个更适合？
请说明理由。

a

b

思考提示： 智能手机中，便于使用的设计是很重要的。

A42

答案 a

GOOD

理由1

考虑了手指大小的设计。

理由2

与其他按钮之间有一定的距离，不会按错。

NG

理由1

按钮的尺寸太小，不管怎样都觉得按起来不方便。

理由2

与其他按钮之间的距离太近，容易按错。

设计要点

因为是手指操作，不会按错是很重要的

智能手机是用手指操作的触摸设备。考虑到这个特性，关注手指的尺寸和动作的设计是不可或缺的。按钮太小按起来就不方便，与其他按钮之间的距离太近就容易按错，为了防止出现这些问题，按钮应该大一些，与其他按钮的距离也不要太近。按钮竖直排列的时候，因为会隐藏在手指下面，导致操作者看不到按钮，按错的概率就会变高。竖直排列的时候，保持一定的距离比较好。

另外，智能手机不只是在室内使用，也要考虑在室外可以阅读的情况，所以文字的大小和配色等的可读性也是很重要的。

尺寸和位置的设计也不用多说，要让人一眼就可以看懂按钮。

工具店的商店名片，哪个更适合用于印刷？请说明理由。

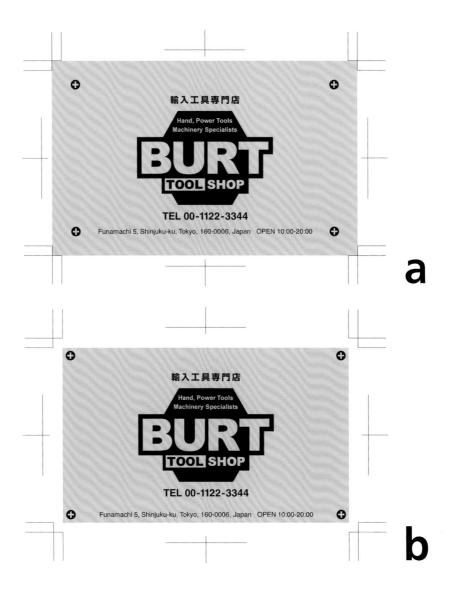

思考提示： 请想象完成之后的尺寸。

A43

答案 a

GOOD

理由1

为了解决裁切时会产生偏差的问题，设置了出血。

理由2

考虑到文字有被裁掉的可能性，文字距裁切线要留有足够的空间。

NG

理由1

没有设置出血，裁切的时候可能会留有白边。

理由2

因为文字的位置正好卡在边上，所以有被裁掉的可能。

设计要点

套准标记和出血

套准标记是在制作印刷品的时候，表示裁切位置以及套准多色印刷的必要标志。位于四角的套准标记有两条线，一般印刷物的尺寸要比实际需要的尺寸大，上下左右各大3mm。这个多出的区域叫"出血"。为什么要比实际尺寸大？出血的必要性是什么呢？因为在印刷厂中大量生产，所以要在一张大的纸上拼合多个版面一起印刷，然后沿着裁切线裁断，这与家用的能直接打印出最终尺寸的打印机是不同的，印刷厂裁切时的裁切位置多少有些偏离。如果没有出血，只要有一点点偏离，纸的颜色（白色）就会显露出来。同样的道理，设计的元素如果太靠边，就会有被裁掉的可能。文字等重要的要素放置的位置应距边3mm以上。

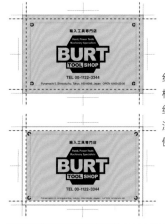

红色细线是裁切线，标志最终完成的尺寸。绿色的线是出血线，浅蓝色的线是3mm内侧的线。

这是裁切位置有偏离的案例。NG方案中白色的底会露出来，文字也会被裁掉。

轮胎的广告，哪个看起来更美观？
请说明理由。

a

b

思考提示： 请关注黑色部分。

A44

答案 **b**

GOOD

理由1

考虑到了偏差的影响，黑色文字使用了叠印。

理由2

底部采用的黑色是浓黑色。有深度的浓黑色有高级感。

NG

理由1

黑色文字没有叠印。因为有偏差所以在文字上可以看到白色的底。

理由2

底部的黑色是K为100%的黑色，看起来像灰色，与GOOD方案相比缺少紧凑的感觉。

设计要点

在印刷品中区别使用黑色的种类

印刷时表现黑色的手法有单色黑、浓黑和四色黑等，每个都有自己的特征和注意点。单色黑是用K为100%表现的黑色，经常使用在文字和细线条上。这时为了避免发生套印不准的情况，应与其他版对应的黑色层叠使用，也就是叠印。在印刷厂中，因为单色黑自动叠印处理的情况很多，所以确认一下自己的设置是很有必要的。浓黑是CMYK配合使用表现的黑色，是有深度的黑色，一般推荐设定为C40%、M40%、Y40%、K100%。四色黑就是字面意思，CMYK都是100%而呈现的黑。印刷四色黑时会大量地使用墨水，墨水不容易黑，所以会有各种各样的麻烦，一定要谨慎使用。

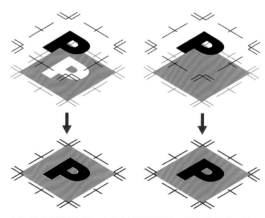

左边没有使用叠印，右边使用了叠印。没有使用的时候，如果有偏差就会露出白色的底，使用了就不会受到影响。

游览胜地宾馆的广告，哪个是更有效果的设计？
请说明理由。

思考提示： 请关注画面的分割方法。

A45

答案 b

GOOD

理由1

访问的一瞬间，整体形象照片的全景映入眼帘，可以让人想象出游览胜地的全貌。

理由2

画面上部分布置了预约窗口。

NG

理由1

因为画面竖着分为两部分，所以访问的时候不知道看哪里。

理由2

因为预约窗口在画面下部分，对于想要预约而来访问的用户来说不够亲切。

设计要点

访问瞬间的印象很重要。应使用不会让用户迷糊的画面分割

两个方案哪个能有效地展示游览胜地的设施呢？首先，看照片处理的区别。像GOOD方案一样，把美丽的自然景色横着展开更有效果。用户访问的时候首先看到美丽的全景照片，自然就会看到下面的设施信息。因为预约窗口也在网站上部，所以可以抓住以预约为目的而来的用户。

相反，访问NG方案的瞬间，映入眼帘的是竖着分为两部分的画面。分不清右边是主要的还是左边是主要的。整体设施的照片也因为是竖长的裁剪，不能传达出设施的魅力。另外，因为预约窗口在画面的下部分，对于想要预约的用户来说构图不够亲切。

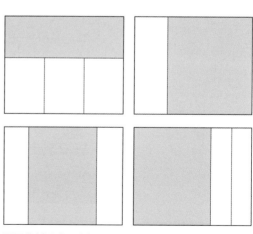

画面分割明确哪个部分是主要的是很重要的。图中灰色的部分是主要的。

Q46

难易度：★
由林晶子老师设计并讲解

会员网页的登录画面，哪个更符合流行趋势？
请说明理由。

a

b

思考提示： 想象现在的会员制网站的登录界面。

A46

答案 b

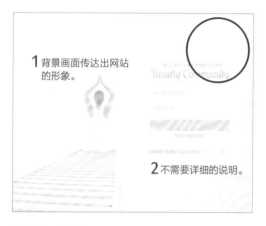

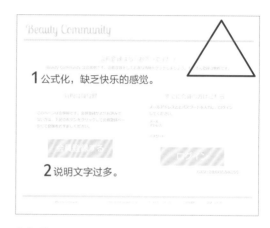

GOOD

理由1

整体显示背景画面，传达出网站的形象和概念。

理由2

登录和会员注册相关的说明降低到了最小限度。

NG

理由1

公式化的设计，感觉不到快乐。

理由2

说明文字太多了。

设计要点

登录页面也是传达网站概念的页面之一

现在大部分人都可以顺利完成登录和注册的操作，说明文字过多的公式化的登录页面已经过时了。因为只要有"会员注册"和"登录"按钮，访问的人就可以理解该怎么做，所以没有必要像NG方案那样有很多多余的说明，应该从登录页面开始就让人觉得有意思。最近经常能看到像GOOD方案那样的设计，页面整体放置背景画面，呈现时尚、简洁的登录页面。因为采用了符合网站理念的图像，所以更有可能吸引没有注册的人注册会员。另外，也有每次访问都显示不同图像的网站，让人即使是注销之后也会莫名地想要访问登录页面。对于智能手机的登录页面，因为文字少，所以缩小页面也可以几乎不改变网站形象。

智能手机登录页面的案例。

mini Q17
移动端页面设计

由原弘始老师设计并讲解

研究智能手机的菜单。
每种菜单都有想要达到的目的，为了实现这些目的
应该选择哪个菜单表现手法？请连线。

尽可能不让人迷茫的引导　　吸引力强的菜单　　　　切换大量信息　　　　从很多选项里选择合适的信息

列表型的菜单　　　　　　　跳转按钮　　　　　　　下拉菜单　　　　　　　　模式窗口

mini Q18
App 界面设计

由林晶子老师设计并讲解

下面是智能手机 App 的菜单。
①~③分别是什么类型？

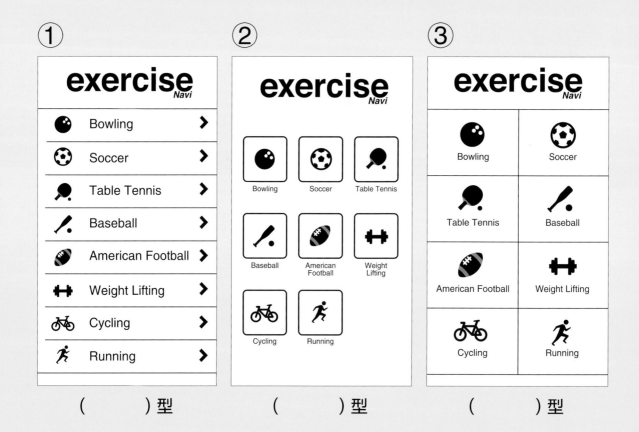

① ( ) 型

② ( ) 型

③ ( ) 型

mini Q

A17

B

| 尽可能不会让人迷茫的引导 | 吸引力强的菜单 | 切换大量信息 | 从很多选项里选择合适的信息 |

列表型菜单　　　　跳转按钮　　　　下拉菜单　　　　模式窗口

智能手机的菜单表现形式要根据目的来设计。如果想要"不会让用户迷茫的引导",可以设计成用图标触摸的方式。为了"吸引力强",可以使用模式窗口的方式来表示面前的窗口。"切换大量信息"的需求可以有效利用列表型菜单来满足。要实现"从很多选项里选择合适的信息",使用层级结构的下拉菜单是最合适的。

A18

②

①→**列表型**
②→**图标型**
③→**网格型**

①是最简单的菜单类型。文字量多或有子菜单的时候特别适合采用这种类型。②是强调图标的菜单,给人流行的印象。因为可以横向排列多个图标,所以可以在一个画面里显示多个菜单项目。③是介于①和②之间的类型。因为网格排列整齐,所以给人简洁利落的印象,而且不仅可以纵向展开,也可以横向展开,在访问时可以瞬间判断出哪个菜单在哪个位置。